Hacia una Ingeniería 4.0
Integrándose a la 4ª Revolución Industrial

Marzo 2018

*Hacia una Ingeniería 4.0
Integrándose a la 4ª Revolución Industrial*

Reporte Final del
Coloquio de la Academia de Ingeniería 2017

Dr. Guillermo Aguirre Esponda
Dr. José F. Albarán Núñez
Dr. Jaime Cervantes de Gortari
Dr. José Luis Fernández Zayas

Marzo, 2018

Colección: Reflexiones de la Academia de Ingeniería

ISBN -

Número 1: **Hacia una Ingeniería 4.0 - Integrándose a la 4ª Revolución Industrial**

ISBN-13: 9781728704418

Autores: Dr. Guillermo Aguirre Esponda, Dr. José F. Albarán Núñez, Dr. Jaime Cervantes de Gortari, Dr. José Luis Fernández Zayas

Derechos Reservados. Ninguna parte de esta publicación puede reproducirse, almacenarse o transmitirse de ninguna forma, ni por ningún medio, sea este electrónico, químico, mecánico, óptico, de grabación o fotocopia, ya sea para uso personal o lucro, sin la previa autorización por escrito del autor.

Este documento fue revisado por una Comisión Técnica y aceptado para su publicación por el Comité Editorial de la Academia de Ingeniería de México, conforme a su Política Editorial.

Las opiniones y conclusiones expresadas o implícitas en este documento son las de los autores y no necesariamente las de la Academia de Ingeniería de México.

La Academia de Ingeniería de México no endorsa productos o fabricantes. Nombres o marcas de fabricantes que aparezcan en el texto es exclusivamente porque se han considerado esenciales para lograr su objetivo.

Créditos:

Logo del Coloquio: Andrea Outón Romero

Grabado del Palacio de Minería (portada): Pedro Gualdi (Siglo XIX)

La **Academia de Ingeniería de México** es una asociación sin fines de lucro cuyo objeto es el de promover y difundir la vocación, educación, ejercicio profesional, investigación e innovación en la ingeniería, al más alto nivel y con compromiso social. Por ello, busca reunir en su seno y favorecer la participación y colaboración de los más distinguidos ingenieros y profesionales afines del país y del extranjero para contribuir al desarrollo equitativo, creciente y sustentable de México.

Para lograr su propósito, la AIM establece en su Estatuto (Artículo 3°), 18 fines específicos, que hemos agrupado en los siguientes seis:

- Identificar problemas y oportunidades de la sociedad en cuya atención pueda ser determinante la intervención comprometida de la ingeniería, individual o colegiada.
- Realizar, por iniciativa propia o por encargo de instituciones oficiales, no gubernamentales o privadas, estudios sobre problemas generales o específicos relacionados con las diferentes ramas de la ingeniería.
- Participar como órgano de consulta de instituciones públicas o privadas responsables de enseñar, desarrollar o aplicar los conocimientos de la ingeniería o la investigación científica y tecnológica.
- Contribuir a la incorporación continuada al estado del arte y a la difusión oportuna entre estudiantes y profesionales de los nuevos conocimientos y experiencias en las distintas especialidades de la ingeniería.
- Colaborar con instituciones de educación superior en ingeniería en aspectos de inducción de candidatos, actualización de planes de estudios, fortalecimiento de posgrados, desarrollo de programas y grupos de investigación.
- Difundir los logros derivados de la buena práctica de la ingeniería y los problemas causados por la falta de adecuada ingeniería.

Es así que, en cumplimiento de su propósito y objetivos, la AIM publica la colección *Reflexiones*, enfocada a comunicar a la sociedad en general y al gremio de ingenieros en particular, temas de alto impacto para el desarrollo económico-social-ambiental de nuestro país, buscando proponer acciones que aprovechen al máximo las oportunidades y mitiguen al máximo los riesgos que se determinen del análisis de dichos temas.

Este trabajo fue enviado para revisión a una Comisión Técnica, conformada por las siguientes personas:

- Dr. Víctor Manuel Castaño, Presidente de la CEIB
- Dr. Antonio Alonso Concheiro, Coordinador del PMPP
- Dr. José Salvador Echeverría Villagómez, Coordinador PMCI
- Dr. Salvador Landeros Ayala, Académico Titular
- M. I. Alberto Lepe Zúñiga, Presidente de la CEII
- Dr. Felipe Rolando Menchaca, Coordinador del PMEII

Los autores han integrado al documento las observaciones de los miembros de la Comisión Técnica que consideraron pertinentes y lo turnaron al Comité Editorial para que emitiera su opinión con respecto a su publicación.

Contenido

1. **Agradecimientos**
2. **Resumen**
3. **Introducción**
4. **Síntomas de la 4RI y la percepción de su impacto en México**
5. **Acciones de la ingeniería mexicana para integrarse a la 4RI**

Apéndice I – Proceso de cada Taller

Apéndice II - Resultados por taller

1 - Agradecimientos

El Coloquio de la Academia de Ingeniería 2017 fue un proyecto que requirió de la participación de un importante número de personas a lo largo de casi un año de trabajo, que incluyó la realización de 10 talleres que sirvieron como medio para integrar el pensamiento de los miembros de la Academia en distintas localidades del país.

La metodología utilizada para que cada grupo participante en un taller generara y priorizara acciones que la ingeniería mexicana deberá llevar a cabo para integrarse a la 4ª Revolución Industrial, fue diseñada en conjunto con la empresa *Indica Consultores, S. C.*, incluyendo el uso de su exclusivo sistema de votación electrónica, gracias al cual se integró numéricamente el resultado de diez distintos grupos. Agradecemos por lo tanto a los ingenieros Othón Canales Treviño y Ángel Sánchez Huerta, su apoyo y colaboración para lograr el propósito del coloquio y a José Luis Domínguez Huerta, la operación del sistema electrónico de captación, integración y priorización usado en cada taller, así como la aportación de la información resultante, con la cual se integró el resultado final.

Agradecemos la colaboración de nuestros colegas académicos en la planeación y desarrollo de los siguientes talleres:

- En el taller llevado a cabo en el Centro de Investigación en Cómputo, del IPN (CDMX), a los doctores Adolfo Guzmán Arenas y Claudia Marina Vicario Solórzano y particularmente al Dr. Marco Antonio Ramírez Salinas, Director del centro.
- En el taller llevado a cabo en el Instituto Mexicano del Petróleo (CDMX), a la Dra. Jetzabeth Ramírez Sabag y particularmente al Dr. Ernesto Ríos Patrón, Director del IMP.
- En el taller llevado a cabo en el Centro Nacional de Metrología (Querétaro), al Dr. José Salvador Echeverría y particularmente al Director del CNEAM, Dr. Víctor José Lizardi Nieto.
- En el taller llevado a cabo en las instalaciones de Continental Automotive (Guadalajara), al Dr. Jorge Vázquez Murillo, Director del centro.
- En el taller llevado a cabo en la Facultad de Ingeniería Mecánica y Eléctrica de la Universidad Autónoma de Nuevo León (Monterrey), al Dr. Rafael Colás Ortiz y en particular al Director de la FIME, Dr. Jaime Castillo Elizondo.
- En el taller llevado a cabo en el Instituto Mexicano de Tecnología del Agua (Cuernavaca), al Dr. Nahún García Villanueva y en particular al Director del IMTA, Dr. Felipe Arreguín Cortés.
- En los dos talleres llevados a cabo en la Torre de Ingeniería, UNAM (CDMX), al Dr. Luis A. Álvarez Icaza, Director del Instituto de Ingeniería.

- En los dos talleres llevados a cabo en el Palacio de Minería (CDMX), a la Dirección Ejecutiva de la Academia de Ingeniería, encabezada por la Fis. Patricia Zúñiga y particularmente al Mtro. Víctor M. Rivera Romay, Director del Centro de Educación Continua y a Distancia de la Facultad de Ingeniería, UNAM.

También agradecemos a Andrea Outón el diseño del logo del coloquio y al Mtro. Alfonso Mayo el diseño y operación del sistema de registro a los talleres.

Finalmente, agradecemos la participación de los miembros de la Academia de Ingeniería que dedicaron tiempo a contestar la encuesta y a participar en alguno de los talleres. Su colaboración es la esencia del coloquio y, por supuesto, de sus conclusiones.

2 - Resumen

Los sistemas y dispositivos construidos por el hombre, tienen un efecto sobre nuestra vida y en su creación participa de forma preponderante la ingeniería.

Es por lo tanto una válida preocupación de la Academia de Ingeniería, la participación que la ingeniería mexicana habrá de tener en la 4ª Revolución Industrial (4RI), movimiento tecnológico que ya ha iniciado y que por la velocidad a la que avanza, es necesario unírsele de inmediato.

Manuel Castells[1] plantea lo siguiente: *en todos los eventos de cambio tecnológico substancial, las personas, empresas e instituciones, sienten la profundidad del cambio, pero frecuentemente son abrumados por él, debido a la simple ignorancia de sus efectos.* Esta explicación sea quizás la que se podría dar al hecho de que México haya quedado al margen en las primeras tres revoluciones industriales, sufriendo simplemente sus consecuencias, sin ser un protagonista. Esto exhibe el primer obstáculo que la Academia de Ingeniería busca eliminar, publicando los síntomas de los inicios de la 4RI, sus principales características y proponiendo las acciones que la ingeniería mexicana debería llevar a cabo para integrarse y ser protagonista en la 4RI.

Como primer paso en este esfuerzo, la Academia de Ingeniería llevó a cabo, durante 2017, el Coloquio de la Academia, con el tema: *Hacia una Ingeniería 4.0 – Integrándose a la 4ª Revolución Industrial*, cuyos resultados se exponen en este reporte.

Con la participación de 159 miembros de la Academia de Ingeniería en la encuesta inicial del coloquio y de 69 en los talleres, más 47 personas que no son miembros de la Academia, se definieron ocho líneas de acción (cinco con impacto esperado en el mediano plazo y tres a largo plazo), que en su conjunto marcan tres áreas de trabajo para la ingeniería mexicana:

- Fomentar que la innovación forme parte de la cultura de nuestro país y un amplio reconocimiento al impacto que la innovación tecnológica tiene en nuestras vidas.
- Impulsar una ingeniería tecnológicamente robusta.
- Fortalecer, con la participación de los ingenieros, la planeación, supervisión, operación y evaluación de los programas del gobierno que tengan una fuerte componente tecnológica.

Ahora es un compromiso de la Academia de Ingeniería, impulsar las líneas de acción establecidas en el coloquio y reportar su avance. Estas líneas de acción son:

---

[1] Sociólogo, economista y profesor universitario de Sociología y de Urbanismo en la Universidad de California en Berkeley, así como director del Internet Interdisciplinary Institute en la Universidad Abierta de Cataluña y presidente del consejo académico de Next International Business School.

1. Impulsar la cultura del emprendimiento entre los jóvenes ingenieros, ya sea en formación o de reciente acceso al mercado laboral.
2. Mejorar la formación de ingenieros, buscando altos estándares de conocimiento y desempeño.
3. Incluir ciencia, tecnología y creatividad en el aprendizaje, en todos los niveles educativos.
4. Mejorar la vinculación triple hélice (academia-empresa-gobierno).
5. Elaborar y dar seguimiento a un programa nacional de desarrollo tecnológico, con fuerte participación de la ingeniería.
6. Propiciar el desarrollo de una ingeniería tecnológicamente fuerte.
7. Mejorar los incentivos para el desarrollo tecnológico y *start-ups* con fuerte componente tecnológica.
8. Asegurar la presencia de ingenieros en los puestos de decisión del gobierno con fuerte componente tecnológica.

La Academia de Ingeniería mantendrá el esfuerzo por lograr que la ingeniería mexicana sea protagonista de la 4RI, mismo que deberá ser evidente en su plan operativo anual durante los próximos años.

3 - Introducción

La cuarta revolución industrial está aún en un estado emergente. Pero con el rápido ritmo de cambio y perturbación a los negocios y la sociedad, el momento de unírsele es ahora.

– Gary Coleman, Deloitte Consulting

¿Qué es una revolución industrial? ¿Cómo se pueden predecir sus consecuencias?

La primera pregunta se podría contestar como sigue: una revolución industrial es un cambio extraordinario y relativamente rápido en la sociedad y la economía, derivado de nuevas tecnologías.

La segunda no se puede responder, pues si bien una persona puede vislumbrar futuros posibles, como lo hicieran Julio Verne, Arthur C. Clark, Isaac Asimov, Ray Bradbury, Gene Roddenberry o Frank Herbert, no son una predicción confiable, aunque a final de cuentas coincidan algunos elementos de la fantasía con la realidad.

La primera revolución industrial surgió de aprovechar los avances en la producción y transformación del hierro (primero) y el acero (más tarde) para crear la máquina de vapor. ¿Quién hubiera podido predecir en 1814, que de una primera locomotora sobre rieles se derivaría el desarrollo ferrocarrilero de principios del siglo XX o los grandes barcos transatlánticos, que cambiarían el transporte de personas y mercancías? Con ello, la sociedad cambió su expectativa de recorrer grandes distancias, de semanas a solamente días, aumentando el intercambio de mercancías y justificando la construcción de nueva infraestructura, impulsando en consecuencia a la economía mundial.

La segunda revolución industrial se derivó fundamentalmente del dominio de la energía eléctrica, la conversión de impulsores a vapor por el motor de combustión interna y la grabación de voz, música e imágenes. Difícilmente se habría apostado en 1880 por una bombilla de luz que duraba unas 15 horas y un fonógrafo, que parecía una curiosidad para gente rica, como el preludio de una industria del entretenimiento que abarcaría al planeta en la primera mitad del siglo XX o por la simbiosis del motor de combustión interna con los primeros vuelos de los hermanos Wright, como preludio de los aviones de pasajeros que podrían cruzar el Atlántico.

La electrónica, las telecomunicaciones, la batería eléctrica y la energía atómica fueron los elementos que detonaron la tercera revolución industrial. La característica de los elementos básicos de la electrónica dio pie a la era digital y las computadoras, mientras que la del semiconductor permitió la miniaturización de los circuitos electrónicos. El mundo se maravillaba en 1947 con la computadora digital, llamada ENIAC, que ocupaba un gran espacio y requería de substanciales cantidades de energía, para realizar cálculos de balística. Difícilmente se podría predecir entonces que, en 60 años, una persona llevaría consigo un *Smartphone* con una capacidad de procesamiento y memoria diez órdenes de magnitud mayores.

Hoy en día se perciben los síntomas de una nueva revolución industrial. Nuevas sinergias están comenzando a mostrarse entre el ámbito físico (materiales), cibernético (inteligencia artificial, realidad virtual) y biológico (genética, conocimiento de la anatomía y fisiología humana), que serían el preludio de importantes cambios en la sociedad y la economía. Es en la confluencia o intersección de estos tres ámbitos en los que se gestará la 4ª Revolución Industrial (4RI).

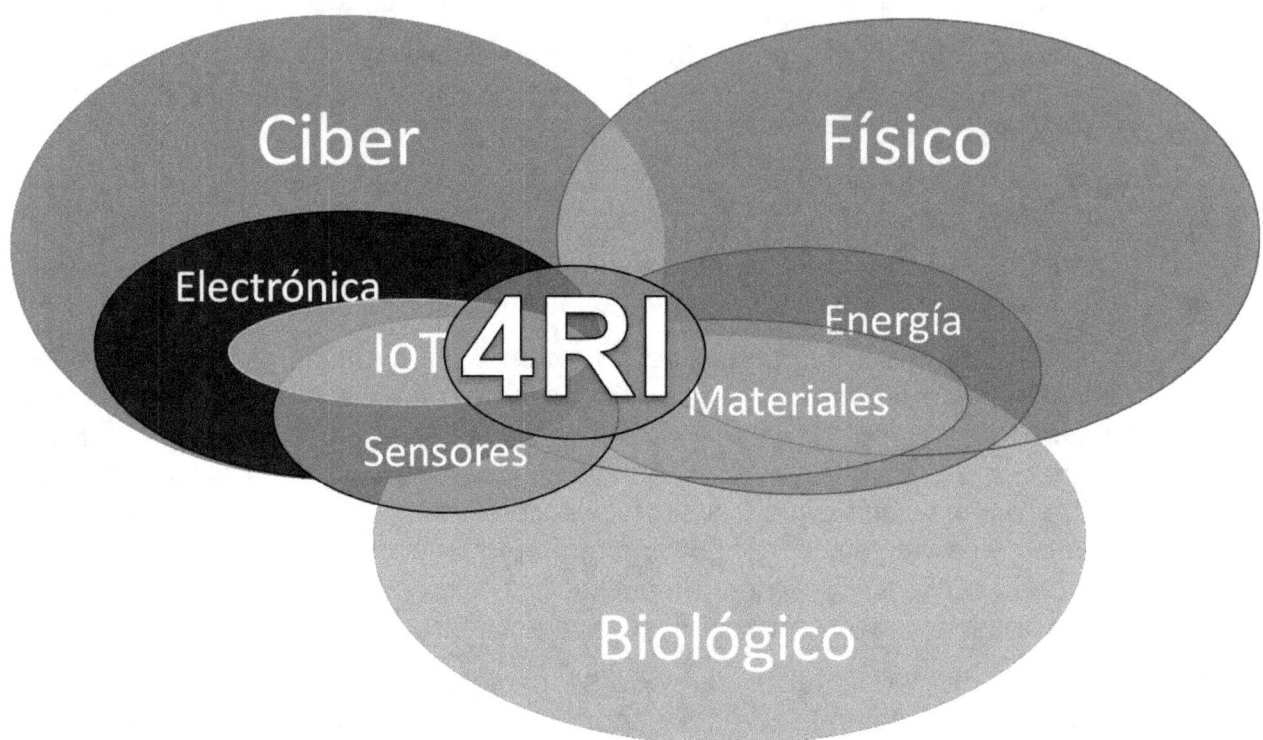

Figura 1 – Los ámbitos en cuya intersección se está gestando la 4ª Revolución Industrial

Tras la afirmación anterior, conviene distinguir a la llamada *Industria 4.0*, cuya definición[2] sería: *La convergencia de la producción industrial con las tecnologías de la comunicación y la información. La Industria 4.0 se relaciona con la convergencia del Intrnet de las Cosas (IoT), el Internet de las Personas (IoP) y el Internet de Todo (IoE).* Por lo tanto, la *Industria 4.0* es una evolución de las tecnologías que definen la 3ª Revolución Industrial.

Una de las voces más destacadas en cuanto a la 4RI es Klaus Schwab, fundador y director ejecutivo del Foro Económico Mundial (WEF), quien ha escrito un libro con el

---

[2] Definición hecha en la iniciativa *Industrie 4.0* del gobierno alemán en 2014, según reportan M. Skilton y F. Hovsepian en su libro *The 4th Industrial Revolution: Responding to the Impact of Artificial Intelligence on Business*, 2018, Palgrave MacMillan, ASIN: B077SWQVD2.

título *The Fourth Industrial Revolution*[3] y promueve este concepto a través de entrevistas y videos que se pueden encontrar el sitio web de la WEF. Incluimos en el siguiente recuadro la definición de la 4RI, según el Dr. Schwab:

> *La 4ª Revolución Industrial, sin embargo, no es acerca de máquinas inteligentes e interconectadas. Su alcance es mucho más amplio. Ondas de nuevos descubrimientos están sucediendo simultáneamente en áreas que comprenden desde secuenciación genética hasta nanotecnología, desde energía renovable hasta computación cuántica.*
>
> *Es la fusión de estas tecnologías y su interacción a través de los dominios físico, digital y biológico, lo que hace a la 4ª Revolución Industrial fundamentalmente diferente de las anteriores.*

Por su parte, la Academia de Ingeniería de México (AIM) elaboro un video que describe algunos síntomas de la 4RI y que se encuentra en su canal de YouTube, con el nombre: *La Academia de Ingeniería y la 4ª Revolución Industrial*.

Como ya se ha planteado, de los síntomas no se puede predecir el impacto social y económico que habrá de resultar. Sin embargo, sí se puede decidir ser partícipe o simple espectador.

En las revoluciones industriales anteriores, México ha sido un espectador y mediocre usufructuario del desarrollo económico resultante. Hemos reaccionado tarde y sin una idea clara, salvo contadas excepciones, como el esfuerzo del Ing. Guillermo Camarena en la TV a color, que ha quedado como una anécdota, en lugar de haber sido el detonador de una industria.

Podríamos argumentar que la primera revolución industrial encontró a un México sojuzgado por un imperio español al que aquella también le pasó por encima. Similarmente, para la segunda revolución industrial, las continuas guerras intestinas pueden haber sido un distractor que nos impidiera ser partícipes. En cambio, sería más difícil establecer una justificación para no haber sido protagonistas de la tercera, que no implique falta de visión y apatía de nuestro gobierno e industria privada.

Ante la cuarta revolución industrial, debemos cambiar y convertirnos en protagonistas. No podemos pretender ser líderes, con la infraestructura que tenemos, pero sí partícipes en lugar de meros espectadores. Y la iniciativa debe ser de la ingeniería, pues es la principal generadora de tecnología.

Es con ese espíritu que la AIM inició su coloquio 2017, con el tema *Hacia una Ingeniería 4.0*, enfocado a determinar acciones que ayuden a la ingeniería mexicana a incorporarse a la 4RI, cuando aún está en estado emergente.

---

[3] Karl Schwab, *The Fourth Industrial Revolution*, 2017, Crown Business, ASIN: B01JEMROIU.

Como primer paso del coloquio, se elaboró un video que muestra una serie de desarrollos tecnológicos que están empezando a usarse o que se espera que se empiecen a usar en poco tiempo, planteados como síntomas de la 4RI. Dicho video[4] (con duración de 11 minutos) se difundió entre los miembros de la AIM, como un antecedente a los siguientes pasos.

Como segundo paso del coloquio, se realizó una encuesta entre los miembros de la AIM, presentándoles 32 desarrollos tecnológicos que son preludio de la 4RI, solicitándoles calificar el impacto que cada uno de ellos tendría sobre el ámbito de trabajo y conocimiento del encuestado, así como que tan pronto dicho impacto sería determinante en México. Los resultados de dicha encuesta son materia del primer capítulo de este reporte.

El tercer paso del coloquio, consistió en una serie de talleres de trabajo, cuyo objetivo fue determinar acciones que la ingeniería mexicana debería llevar a cabo para incorporarse a la 4RI. El resultado de dichos talleres fue un conjunto de líneas de acción que se describen en el segundo capítulo, mientras que el proceso seguido en cada taller y los resultados específicos de cada uno de ellos, se describen en los apéndices.

---

[4] El video se puede ver en la siguiente liga: https://youtu.be/Ma8aKKKZLvk

4 - Síntomas de la 4ª Revolución Industrial y la percepción de su impacto en México

El equipo de trabajo del Coloquio consideró 32 síntomas, distribuidos en diez rubros, que se utilizarían para identificar el nivel de conciencia de los miembros de la AIM sobre la 4RI, a través de una encuesta.

La encuesta solicitó, para cada síntoma, indicar el nivel de impacto que tendría en su ámbito de acción, así como qué tan próximo consideraba que el impacto sería notable.

La tabla siguiente es una lista de los síntomas antes mencionados.

Grupo 1: Nuevos conceptos de movilidad y transporte
G1.1 - Vehículos autónomos
Tanto en tierra como en aire. Empresas como Samsung, Google, Uber, están desarrollando vehículos autónomos, para dos, tres o 10 pasajeros. Un taxi-helicóptero autónomo, para una persona, con rango de operación de 50 km, empezará a operar en breve en Dubai. Empresas mexicanas ya desarrollan sistemas para aplicación en vehículos autónomos.
G.1.2 - Drones
Las aplicaciones de drones, es muy amplia. Amazon ya los usa para enviar paquetes a domicilio en unas horas. Vigilancia, levantamientos topográficos, supervisión de ganado, filmación de eventos, son algunas de sus aplicaciones actuales.
G.1.3 - Transporte terrestre de alta velocidad
El *Hyperloop* es un transporte de alta velocidad (1,120 km/h), confinado en un conducto cilíndrico, impulsado por aire y motores de inducción lineal, cuyo prototipo se probará en breve (en Nevada, EUA) y su primera ruta será entre San Francisco y Los Ángeles. Se ha anunciado su posible aplicación en México.
Grupo 2: Todo en la web
G.2.1 - IoT (*Internet of Things*)
La comunicación entre personas, entre personas y máquinas o entre éstas, da pie al control de drones, vehículos no-tripulados, calles sin semáforos, robots que trabajan *en equipo*, entre otras muchas más. Se estima que en para 2020, habrá entre 20 y 50 millones de dispositivos conectados.
G.2.2 - -Calles sin semáforos
La interacción de los vehículos, comunicados a la web, con sensores embebidos en las superficies de rodaje o colocados en postes, reciben la señal de *alto* o *siga* y se la comunican al conductor. El sistema completo, tiene identificado al auto y sabe si éste obedece la señal o no. La ciudad de Barcelona ya está evolucionando a ser una ciudad sin semáforos. Querétaro podría ser la primera ciudad sin semáforos de México.

G.2.3 - Dispositivos en nuestra vestimenta

Reloj, lentes, ropa, conectados al internet, transmiten nuestra ubicación, temperatura corporal, estado físico o bien nos comunican dirección, mensajes, pronóstico del clima u órdenes a nuestros dispositivos médicos implantados, incluyendo la dosificación de medicamentos.

G.2.4 - Satélites de nueva generación

Satélites que han multiplicado en un millón de veces la capacidad de comunicación digital, algunos de ellos pequeños y en posiciones suborbitales (por lo que con el tiempo perderán altura y caerán), nos mantendrán comunicados en prácticamente cualquier lugar del planeta.

Grupo 3: Generación de energía renovable distribuida

G.3.1 - Batería solar en la ropa

Delgados filamentos de cinta de cobre, flexibles y ligeros, se entretejen con cintas que tienen una célula solar en un lado y capas de almacenamiento de energía en el otro, para crear telas que pueden convertir energía solar en eléctrica, almacenarla y aplicarla a nuestros dispositivos móviles. Llevaremos el convertidor de energía con nosotros.

G.3.2 – Techos de tejas fotovoltaicas

Nuevos productos que permiten construir techumbres de agradable estética y que son celdas fotovoltaicas, a un costo menor que el de tejas convencionales, son ya un producto comercial.

G.3.3 – Dominio del ciclo del hidrógeno

Combinando la energía solar y el agua de lluvia, se separa en ésta el hidrógeno y el oxígeno, gases que se almacenan en tanques. Vueltos a combinar en una celda de combustible, se genera energía eléctrica y agua limpia. Este sistema podrá ser instalado en cada casa o edificio.

Grupo 4: Impresión 3D en todo y para todo

G.4.1 - Manufactura aditiva

De forma similar a una impresora 3D, los materiales se van depositando (en lugar de devastando), para fabricar piezas de diversos materiales. Menos desperdicio, menos energía, menos tiempo para pasar del diseño a la manufactura.

G.4.2 - Impresión 3D en la medicina

Manufactura aditiva de férulas a la medida, con dispositivos curativos (como celdas de ultrasonido) integrados; cartabones de alta precisión, para cortar a la medida, elementos que se implantarán en otras personas; reproducción exacta de osamenta interna y manufactura de elementos para injertos.

G.4.3 - *Impresión* 3D en construcción

Construcción de una casa de 160 m^2 en 10 horas y con un costo de 10,000 dólares. Construcción de formas caprichosas. Se ha anunciado la construcción de un edificio en Dubai, usando *impresión 3D*.

Grupo 5: Nuevas dimensiones para la inteligencia y la percepción
G.5.1 - Inteligencia Artificial
El grado de inteligencia de las máquinas ha venido creciendo continuamente. Ya hay computadoras que pueden vencer al mejor humano en ajedrez o Go (juego chino). Se plantea la posibilidad de que computadoras sean usadas como jueces o directivos de corporaciones, en un futuro cercano.
G.5.2 - Realidad aumentada
Ya sea en el *Smartphone*, para ubicar sitios de interés cercanos a la posición en la que uno está ubicado o en un anteojo, para visualizar una estructura que está siendo construida y compararla con el diseño en 3D, la realidad se ve amplificada con información adicional a la de la simple vista.
G.5.3 - Realidad Virtual
Usada inicialmente en simuladores de vuelo, ha llegado al punto de comercializarse como parte de juegos electrónicos. Abre la posibilidad de viajar *virtualmente*, de recorrer *virtualmente* unas instalaciones cuando aún están siendo diseñadas, de estudiar el cuerpo humano como si estuviéramos dentro de él.
Grupo 6: Conviviendo con robots
G.6.1 - Robots
Inicialmente usados para la manufactura en línea, han evolucionado al punto de convertirse en un artículo del hogar. Robots para construcción, cirugía, atención de enfermos, están ya en funcionamiento.
G.6.2 - Exoesqueletos
Trajes motorizados con inteligencia computacional, ayudan a caminar a paralíticos, así como a una persona cargar artículos pesados o trabajar en posiciones incómodas (como cuclillas) sin agotarse.
G.6.3 - Automatización de la granja
Ganado controlado vía drones y satélites, mediante dispositivos en su cuello u oreja, *agrobots* arando, sembrando, cosechando o limpiando el campo, son ya utilizados en varios países.
G.6.4 - Robots submarinos
La aplicación de la robótica al mundo submarino, tiene un alto potencial para el aprovechamiento y protección de los recursos en el mar, ríos y cuerpos de agua dulce.
Grupo 7: Cada vez más información en menos tiempo
G.7.1 - *Big Data*
La cantidad de información generada por PC's, *smartphones*, *tablets* y nuevos dispositivos conectados al IoT, representa un extraordinario potencial de conocimiento. Sin embargo, aunque manejar tanta información no es sencillo, aquellos que lo puedan hacer mejor, tendrán una importante ventaja.

G.7.2 - Computación cuántica

Una forma diferente de procesar la información, pero con un potencial extraordinario para la solución de problemas complejos. La primera computadora cuántica comercial ha sido puesta en servicio por IBM, para aplicaciones a través de la web.

Grupo 8: Educación masiva e individualizada

G.8.1 - Cursos en línea de alcance masivo

Cursos del más alto nivel, ofrecidos de manera abierta a todo el mundo, cambia la dinámica del aprendizaje. Un curso masivo sobre *Inteligencia Artificial*, fue tomado por 160,000 personas en las regiones más diversas del planeta. Las más prestigiosas universidades ofrecen ya miles de cursos MOOC (*Massive On-line Open Course*).

G.8.2 - Nuevas profesiones

Los nuevos avances tecnológicos demandan ya nuevas especialidades para aprovecharlos. Carreras como Ingeniería de Datos o Biomédica, serán altamente demandadas.

Grupo 9: El macro-impacto del mundo nano

G.9.1 - Nano-materiales

Con la nano-tecnología, se desarrolla materiales con una combinación *sui-generis* de características, como resistencia y ligereza o alta captación de humedad sin deterioro. Esto permite diseñar materiales para aplicaciones específicas, como por ejemplo obtener agua de la humedad en la atmósfera en cantidades significativas, recubrimientos finos y resistentes o vacunas.

G.9.2 - Nano-impresión litográfica

Mediante laser, es posible hacer impresiones muy pequeñas, que pueden servir como moldes para instrumentos de bajo costo para la manufactura en serie de elementos nano-tecnológicos.

G.9.3 - Nano células solares

La aplicación de la nanotecnología al desarrollo de celdas solares, empieza a producir estos elementos de energía renovable a un precio mucho más bajo que el tradicional. Además de proveer energía a bajo costo, podrá hacerlo con materiales duros, blandos o flexibles.

Grupo 10: Biología aumentada

G.10.1 - Imagen Molecular

Técnica que permite observar genes, proteínas y otras moléculas. Una posible aplicación es la observación de tumores, aun cuando estén en una etapa muy temprana de desarrollo.

G.10.2 - Nanobots

Robots miniatura, elaborados a nivel celular, podrán ser inyectados en el cuerpo humano, para efectuar actividades al mismo nivel (molecular).

G.10.3 - *Smartphone* implantado
Un dispositivo implantado en el ser humano, comunicado por voz y a través de otros dispositivos, para hacer todo lo que se hace con un *smartphone*. A través de lentes con despliegue de imágenes, se podrá observar video, por ejemplo.
G.10.4 - Edición genética precisa
Aplicado a plantas, la alteración precisa de sus genes, puede hacerlas resistentes a diversos hongos u otro tipo de plaga.
G.10.5 - Bioelectrónica
La implantación de dispositivos electrónico en determinados haces de conductos nerviosos, permite modular el envío de señales del cerebro a nuestros órganos, reemplazando o mejorando el efecto de muchos medicamentos, sin sus efectos secundarios.

La encuesta fue contestada por 159 miembros de la AIM, siendo 156 de ellas válidas, con una distribución por grado de estudios que se muestra en la Figura 2.

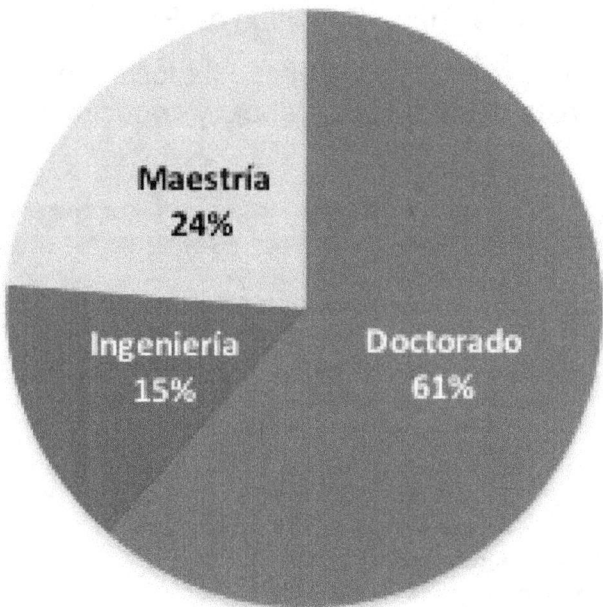

Figura 2 – Distribución de encuestados por grado de estudios

Se obtuvo respuestas de todas las Comisiones de Especialidad de la AIM, como se puede apreciar de la Figura 3.

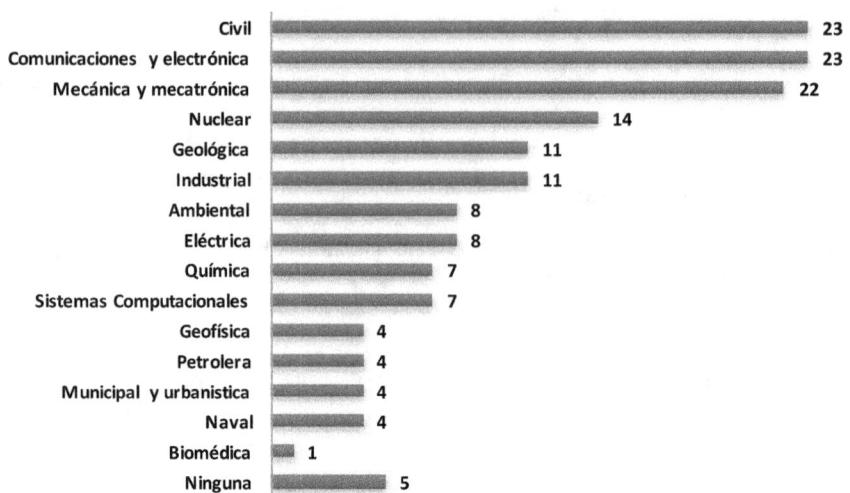

Figura 3 – Respuestas por Comisión de Especialidad

Las comisiones con mayor respuesta están en general correlacionadas con su cantidad de miembros, excepto en el caso de la Comisión de Especialidad en Ingeniería Nuclear.

Las áreas de trabajo y conocimiento de los encuestados se muestran en la Figura 4. Los encuestados indicaron hasta dos áreas de trabajo y conocimiento, por lo que la suma es mayor a 100%.

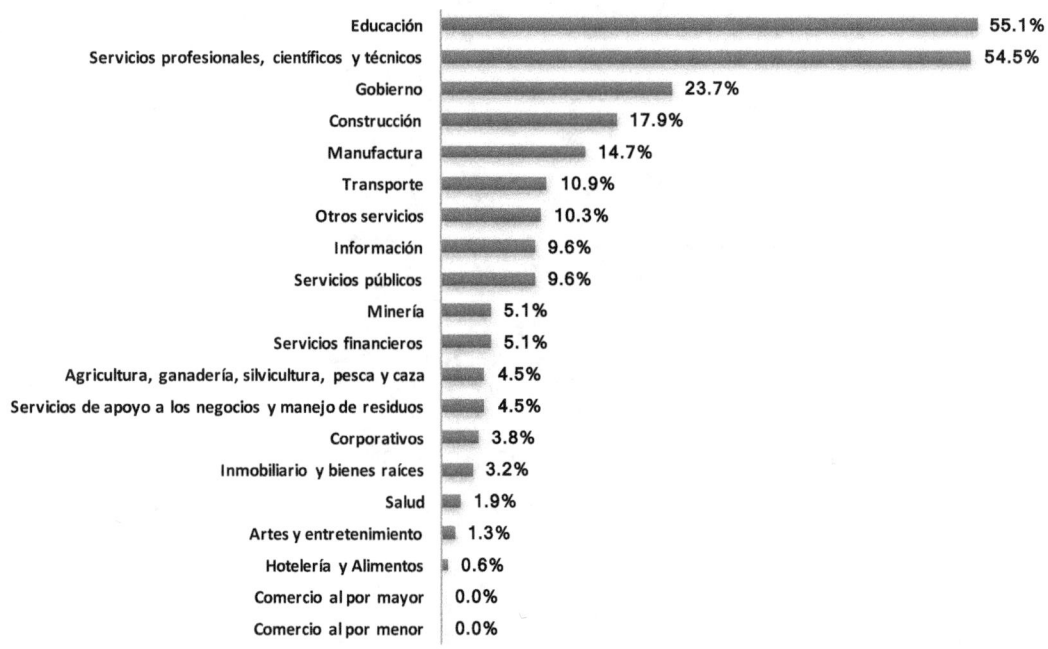

Figura 4 – Áreas de trabajo y conocimiento de los encuestados

Como se puede apreciar en la figura, la mayoría de los encuestados se dedican, al menos parcialmente, a la educación y/o proveen servicios profesionales, científico y técnicos.

Siguen, en cantidad, personas que trabajan en el gobierno, en la industria de la construcción, manufactura y transporte.

Las respuestas mostradas en la Figura 5, muestran al *Internet de las cosas* y *Big data* como las de mayor impacto percibido, seguidas por *Nano-materiales, Nuevas profesiones, Cursos en línea de alcance masivo* y *Satélites de nueva generación*.

Las de menor impacto percibido fueron *Smartphone implantado, Automatización en la granja* y *Calles sin semáforos*.

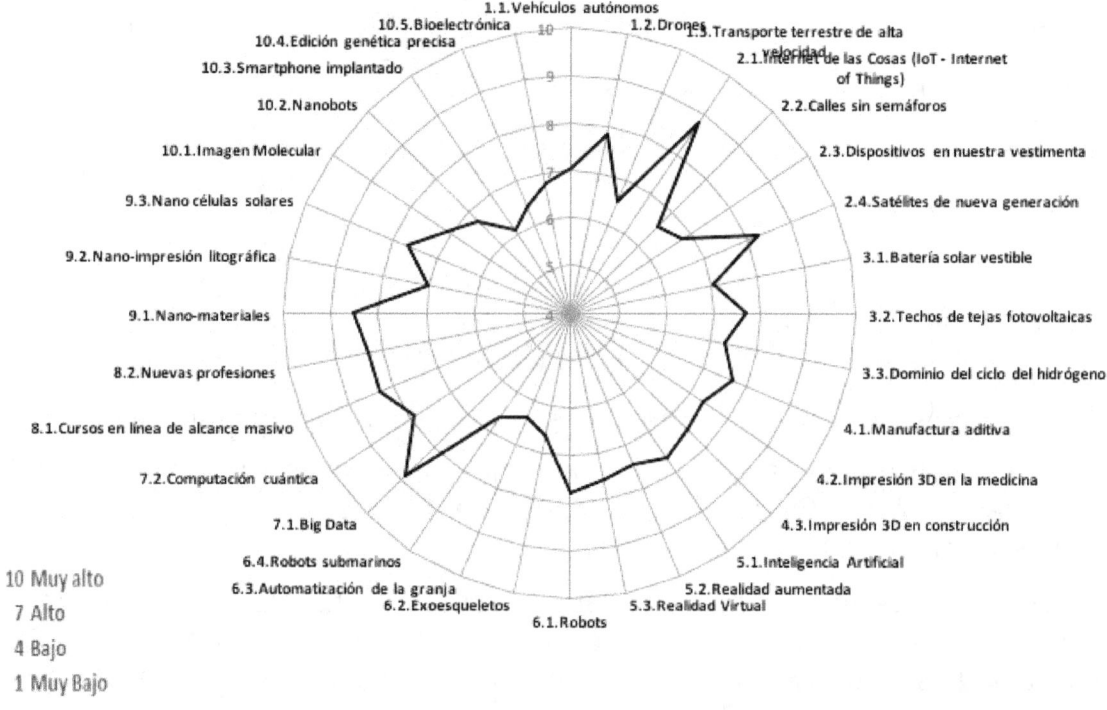

Figura 5 – Impacto percibido para cada síntoma

Por otra parte, al considerar qué tan próximo estaría de sentirse notablemente dicho impacto, se obtuvieron os resultados mostrados en la Figura 6.

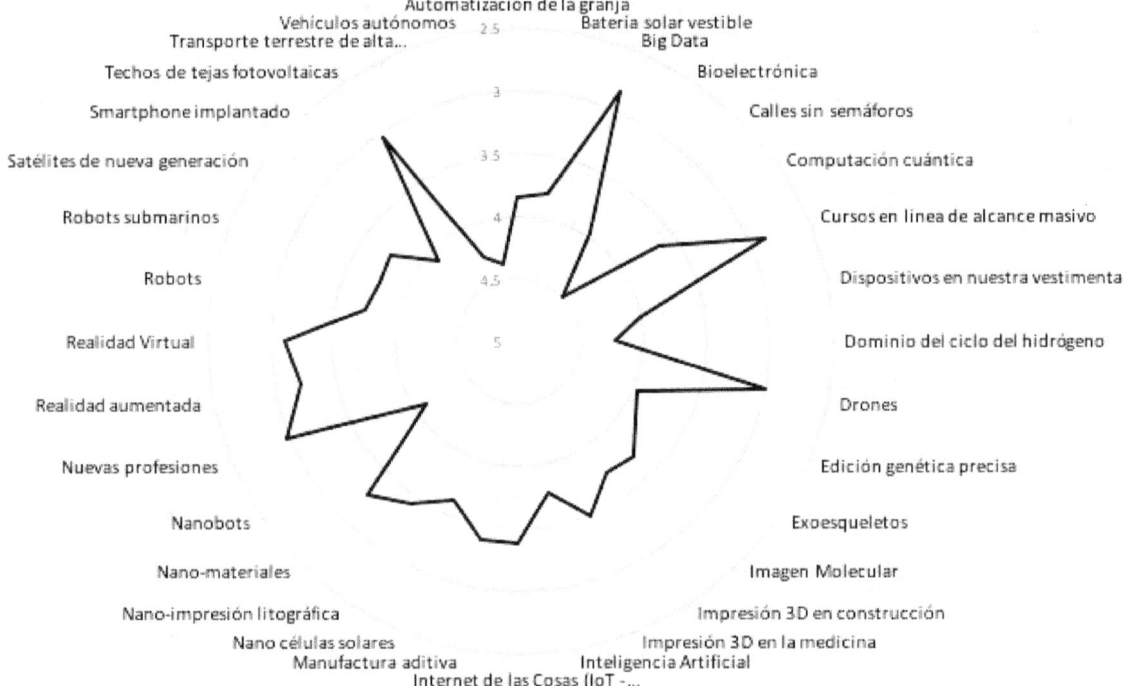

Figura 6 – Proximidad percibida de un impacto notable para cada síntoma

Los síntomas cuyo impacto se perciben como más próximos, se sitúan en cerca de tres años de distancia, como *Big data, Cursos en línea de alcance masivo, Drones, Nuevas profesiones* y *Techos con tejas fotovoltaicas*.

En contraste, los que se perciben más lejanos, están a cinco años o más, como es el caso de la *Bioelectrónica*, seguida de otros que se consideran entre 4.5 y 5 años: *Automatización de la granja, Dominio del ciclo del hidrógeno* y los *Nanobots*.

Al combinar el impacto percibido con la proximidad estimada, se obtiene la gráfica mostrada en la Figura 7. De esta gráfica se puede deducir que hay diez síntomas cuyo impacto y proximidad destacan:

- Big data
- Cursos en línea de alcance masivo
- Nuevas profesiones
- Drones
- Nano-materiales
- Internet de las cosas (IoT)
- Techos con tejas fotovoltaicas
- Realidad virtual

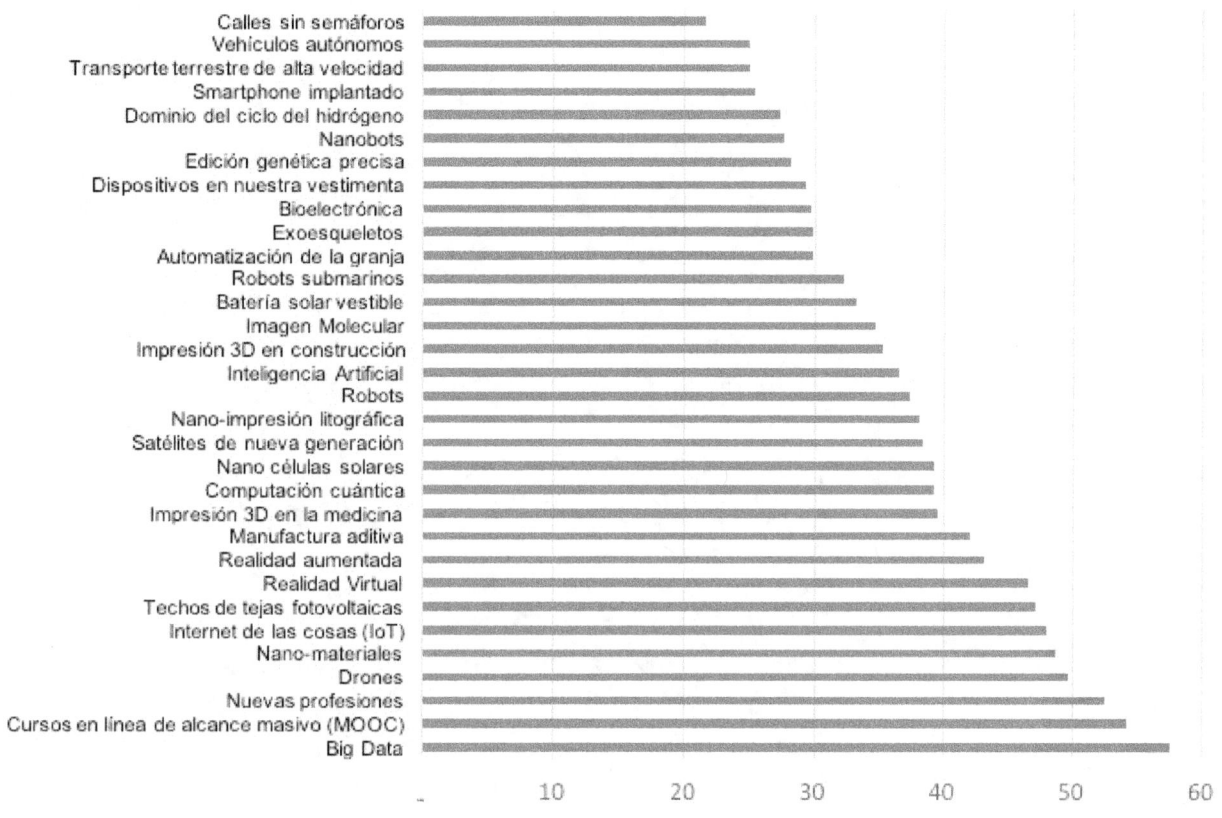

Figura 7 – Impacto percibido X Proximidad estimada

En el otro extremo, se consideran de menor impacto y proximidad:

- Calles sin semáforos
- Vehículos autónomos
- Transporte terrestre de alta velocidad
- Smartphone implantado
- Dominio del ciclo del hidrógeno
- Nanobots
- Edición genética de precisión

Como un primer resultado de la encuesta, se puede asociar a los síntomas calificados como de mayor impacto y proximidad con una mayor exposición, a través de los medios de información, es decir, que son más familiares a la mayoría de las personas.

Una segunda conclusión es que prácticamente todos los síntomas se perciben con una proximidad menor a 4.5 años, es decir, muy próximos.

La tercera conclusión es que el impacto percibido tiene una fuerte asociación con los conceptos tradicionales de las áreas de trabajo y conocimiento de los encuestados. Esto no es sorpresivo, pues es difícil percibir cambios radicales en lo que conocemos y practicamos cotidianamente.

5 - Acciones de la ingeniería mexicana para integrarse a la 4RI

Como resultado de los diez talleres de trabajo, con el proceso descrito en el Apéndice, se definieron las siguientes 18 líneas de acción:

1. Impulsar la cultura del emprendimiento entre los jóvenes ingenieros, ya sea en formación o de reciente acceso al mercado laboral.
2. Mejorar la formación de ingenieros, buscando altos estándares de conocimiento y desempeño.
3. Incluir ciencia, tecnología y creatividad en el aprendizaje, en todos los niveles educativos.
4. Mejorar la vinculación *triple hélice* (academia-empresa-gobierno).
5. Elaborar y dar seguimiento a un programa nacional de desarrollo tecnológico, con fuerte participación de la ingeniería.
6. Propiciar el desarrollo de una ingeniería tecnológicamente fuerte.
7. Mejorar los incentivos para el desarrollo tecnológico y *start-ups* con fuerte componente tecnológica.
8. Asegurar la presencia de ingenieros en los puestos de decisión del gobierno con fuerte componente tecnológica.
9. Elaborar una política que propicie la formación de cuadros en tecnología e ingeniería.
10. Crear y mantener una relación efectiva con instituciones internacionales con fortaleza asociada a la 4RI.
11. Enfocar el desarrollo tecnológico a la sustentabilidad.
12. Hacer que la transferencia de tecnología sea obligatoria a las firmas extranjeras.
13. Crear y mantener un sistema de inteligencia tecnológica.
14. Crear y mantener incentivos para que los jóvenes se desarrollen profesional y académicamente en el área del desarrollo tecnológico.
15. Reestructurar de manera profunda el Sistema Nacional de Investigadores.
16. Difundir ampliamente la importancia de la ciencia y la tecnología.
17. Construir y operar una planta piloto de crecimiento de cristal de silicio y su aprovechamiento en celdas solares.
18. Negociar un acuerdo con sindicatos para promover la automatización industrial.

Cada línea de acción fue calificada en tres aspectos:

- El grado de impacto que tendría en lograr que la ingeniería mexicana se incorporara a la 4RI.
- La factibilidad de que tal línea de acción fuera implementada con éxito en un horizonte de tres años.

- Lo novedoso de la línea de acción, es decir, si ésta hubiera recibido recursos en el pasado (acción *vieja*) o no (acción *nueva*).

La Figura 8 muestra la calificación obtenida para cada línea de acción, en una gráfica cuyo eje horizontal corresponde a la factibilidad, mientras que el eje vertical corresponde al impacto. La gráfica muestra cuatro cuadrantes, según el impacto y factibilidad se consideren alto o bajo.

Por otra parte, una marca circular indica que la línea de acción se considera *nueva*, mientras que cuadrada corresponde a *vieja*.

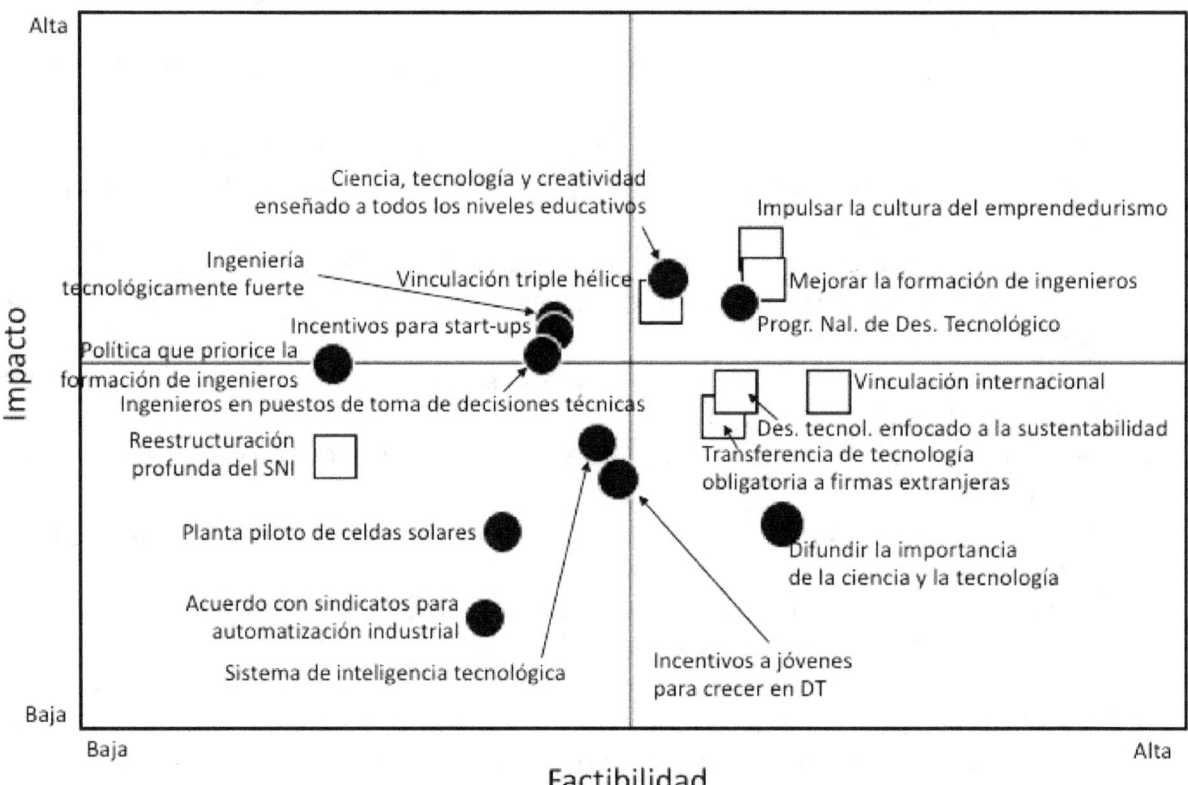

Figura 8 – Distribución de las líneas de acción, según su impacto, factibilidad y novedad

Las líneas de acción en el tercer cuadrante son las que combinan el mayor impacto y factibilidad, siendo en consecuencia las que deberían ser consideradas para llevarse a cabo de forma inmediata. Aquellas que mostraran alto impacto y factibilidad menor, se deben considerar como líneas de acción que se deben implementar, pero cuyo efecto se tendrá en un horizonte mayor a los tres años planteados en el ejercicio.

En esta consideración, las líneas de acción que la ingeniería mexicana deberá llevar a cabo para incorporarse a la 4RI son las ocho primeras de la lista anterior, mismas que se reproducen a continuación, indicando su grado de impacto, factibilidad y novedad.

	Línea de Acción	Impacto	Factibilidad	Novedad
1	Impulsar la cultura del emprendimiento entre los jóvenes ingenieros, ya sea en formación o de reciente acceso al mercado laboral.	Alto	Alta	Vieja
2	Mejorar la formación de ingenieros, buscando altos estándares de conocimiento y desempeño.	Alto	Alta	Vieja
3	Incluir ciencia, tecnología y creatividad en el aprendizaje, en todos los niveles educativos.	Alto	Alta	Nueva
4	Mejorar la vinculación *triple hélice*.	Alto	Alta	Vieja
5	Elaborar y dar seguimiento a un programa nacional de desarrollo tecnológico, con fuerte participación de la ingeniería.	Alto	Alta	Nueva
6	Propiciar el desarrollo de una ingeniería tecnológicamente fuerte.	Alto	Baja	Nueva
7	Mejorar los incentivos para el desarrollo tecnológico y *start-ups* con fuerte componente tecnológica.	Alto	Baja	Nueva
8	Asegurar la presencia de ingenieros en los puestos de decisión del gobierno con fuerte componente tecnológica.	Alto	Baja	Nueva

El trabajo que sigue se hará con base en las líneas de acción y se presentará a a la sociedad en general y la comunidad de ingenieros en particular en un documento posterior. Dicho trabajo consistirá en:

a) Definir más ampliamente cada línea de acción, de forma que se pueda determinar el punto en que ha concluido y el grado de satisfacción logrado.

b) Desarrollar un cronograma de actividades y los recursos requeridos para llevar cada línea de acción a su conclusión.

c) Coordinarse con otras asociaciones de ingenieros en particular, para captar los recursos requeridos y llevar a cabo el programa de actividades, de forma conjunta, coordinada y colegiada.

Apéndice I – Proceso de cada Taller

Proceso seguido en cada taller

Los talleres se llevaron a cabo en diversas localidades de la CDMX, así como otras ciudades del país, como se indica en la lista siguiente.

Taller 1 – Torre de Ingeniería, Ciudad Universitaria, UNAM, CDMX

Taller 2 – Centro de Investigación en Cómputo, IPN, CDMX

Taller 3 – Palacio de Minería, CDMX

Taller 4 – Torre de Ingeniería, Ciudad Universitaria, UNAM, CDMX

Taller 5 – Centro de I&D Continental, Guadalajara, Jal.

Taller 6 – Centro Nacional de Metrología, Querétaro, Qro.

Taller 7 – Palacio de Minería, CDMX

Taller 8 – Instituto Mexicano del Petróleo, CDMX

Taller 9 – Instituto Mexicano de Tecnología del Agua, Jiutepec, Mor.

Taller 10 – Facultad de Ingeniería Mecánica y Eléctrica, UANL, Monterrey, NL.

En su conjunto, los talleres convocaron a 109 participantes.

Cada taller se llevó a cabo con el trabajo de los asistentes, bajo la siguiente secuencia:

1. Introducción al tema del taller, llevada a cabo por uno de los facilitadores
2. Identificación de obstáculos, factores de apoyo y carencias, hecha por los asistentes y registrada por los facilitadores.
3. Introducción al método creativo de solución de problemas, con ejercicios de generación de ideas.
4. Generación de acciones que la ingeniería mexicana debería llevar a cabo para incorporarse a la 4RI, hecha por los asistentes de forma individual.
5. Integración de las acciones de los asistentes en una sola lista, eliminando la repetidas o las que no cumplieran los criterios que definen a una acción.
6. Evaluación del impacto de las acciones, usando comparación pareada y un sistema digital que asegura la anonimidad de la votación.
7. Evaluación de la factibilidad de las acciones, usando el mismo sistema digital.
8. Evaluación de la novedad de la acción, mediante el mismo sistema.
9. Presentación de los resultados del taller a los participantes.

El uso del sistema digital, permitió mantener un registro de las votaciones de cada grupo, lo que facilitó integrar las acciones de índole similar en una línea de acción y calcular el impacto, factibilidad y novedad equivalentes. Para estos efectos, se tomaron aquellas acciones similares y que en su conjunto hubieran sido propuestas por más de 15 participantes.

La siguiente sección de este Apéndice muestra las acciones por cada taller y la calificación resultante.

Figura 9 – Imágenes de algunos de los talleres

Apéndice II - Resultados por taller

Para cada taller se presenta la lista de acciones generada, sus descriptores y su asociación a las *Líneas de Acción* descritas en el capítulo 5 de este documento. Cuando una acción generada en un taller no tiene suficientes puntos y votos de alto impacto (considerando la votación agregada de todos los talleres), no queda asociada a una línea de acción.

Para hacer más efectivo el proceso de votación, la redacción de cada acción evita que el verbo de la oración quede al principio y en algunos casos (por decisión de los participantes) se agregan frases que amplían su descripción.

Además de la lista de acciones generada, se muestra el diagrama *Impacto-Factibilidad* resultante en dicho taller. En el diagrama, los puntos quedan asociados al número de la acción en el taller en cuestión y se muestran dentro de un cuadro cuando los participantes en el taller consideraron que la acción era *vieja* o un círculo cuando *nueva*.

Taller #1 – Torre de Ingeniería, Ciudad Universitaria, CDMX

Acción	Descriptor	Línea
1.- Plan nacional integrador de todos los sectores orientado a la 4RI ejecutado	- Público, privado, ONG, academia, etc. - Se vincularon eficazmente los ingenieros, investigadores, gobierno, empresarios y financiadores de proyectos en tecnología 4RI - Se consensó en vinculación de la triple hélice (academia-empresa-gobierno)	5
2.- Laboratorios nacionales de 4RI establecidos		-
3.- Tecnologías de la 4RI integradas a cadenas de valor horizontales (especializadas) del sector productivo		-
4.- Sistema de educación media superior y superior actualizado para el desarrollo y la innovación tecnológica		2
5.- Combate a la corrupción y a la impunidad	- A través de la AI Se impulsó una sociedad sin corrupción y sin impunidad - A través de desarrollar sistemas que ayuden a la impartición de justicia	-
6.- Educación personalizada implantada	- Los métodos educativos se adaptan a la persona, no a grupos	-
7.- Institución encargada de promover y difundir las oportunidades, avances y logros de la ingeniería 4.0		16
8.- Diagnóstico claro de la situación actual	- Percibimos con claridad las señales y precursores de la 4RI	-
9.- Cargos públicos ocupados por perfiles *ad-hoc*		8
10.- Apoyo de las asociaciones y colegios de ingenieros en el tránsito a la 4RI		-
11.- Robótica e inteligencia artificial implantadas con éxito		-
12.- Jóvenes motivados y apoyados para desarrollarse en las tecnologías 4RI		14
13.- IES involucradas en la ingeniería sustentable		11
14.- Creación de empresas tecnológicamente innovadoras		1
15.- Transferencia de tecnología exigida en proyectos de compañías extranjeras en México		12

Acción	Descriptor	Línea
16.- Industria mexicana a la vanguardia gracias a la tecnología de la 4RI		6
17.- Empresas invierten en formación de su personal y en investigación y desarrollo tecnológico 4RI		-
18.- Importancia y liderazgo del personal operario	- Capacitación	18
19.- Profesores preparados para preservar y fomentar la creatividad	- Desde la educación básica hasta la superior	3

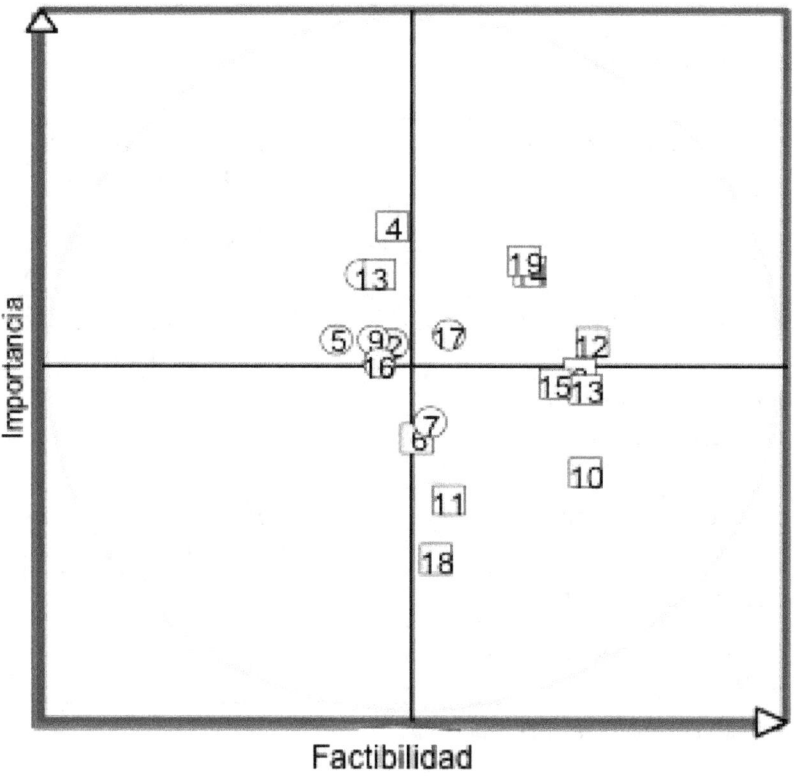

Perfil de Acciones

Taller #2 – Centro de Investigación en Cómputo, IPN, CDMX

Acción	Descriptor	Línea
1.- Programa de difusión para vencer intereses	- Se aceptó que la 4RI ya está presente	16
2.- Ingenieros competentes y competitivos	- Modelo mexicano para reinventar la educación y formación del ingeniero - Aumento sustancial de la matrícula de postgrado afín a la 4RI	2
3.- Plantas piloto de crecimiento de cristales de silicio para celdas solares fotovoltaicas y microelectrónica, desarrolladas	- Infraestructura - Nuevos materiales y semiconductores	17
4.-Plan nacional de desarrollo científico y tecnológico	- Programa o proyecto - Para ser líderes a nivel mundial	5
5.- Industrias / ecosistemas integrados	- Para facilitar el impacto - Costo, Calidad, Accesibilidad y Resultado	4
6.- Cuota de ingenieros e ingenieras incorporada en los equipos de gobierno		8
7.- Modelo 4RI medido y ajustado para lograr el éxito	- Cumplimiento, medición, análisis	13
8.- Capacidad propia para hacer tecnología mexicana	- Aprender de los mejores en tecnología e incrementar nuestra capacidad	6
9.- Áreas prioritarias de desarrollo definidas para la 4RI		5
10.- Proyectos gubernamentales con transferencia de tecnología	- Principalmente mexicana - Inversión extranjera	12

Perfil de Acciones

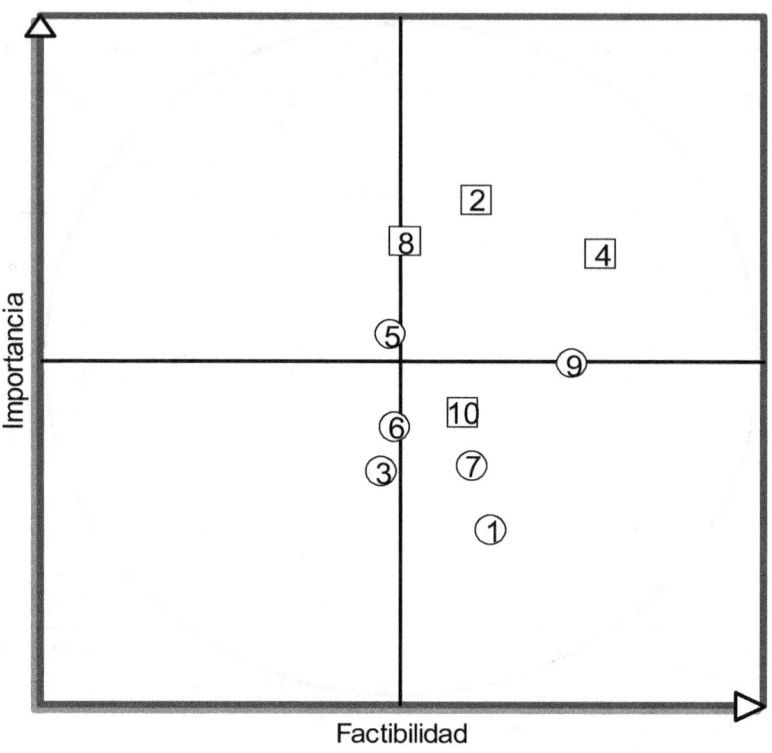

Taller #3 – Palacio de Minería, CDMX

Acción	Descriptor	Línea
1.- Grandes problemas nacionales claramente identificados	- Agenda Nacional definida - Grupo de expertos - Inversionistas interesados - Diagnóstico	5
2.- Planes y programas de estudio en ingeniería actualizados	- Enfoque hacia la 4RI - Grupo de expertos en educación - Actualización permanente	2
3.- Cabildeo efectivo de los ingenieros para la adopción de políticas públicas	- Solución de los grandes problemas nacionales - Claridad de las políticas - Se consiguió que el 1% del PIB fuera efectivamente aplicado a I+D	-
4.- La ingeniería participa en la reforma educativa	- Más ingenieros maestros en educación media - Pertinencia y calidad en la formación	-
5.- Personal técnico posicionado en sectores estratégicos como tomadores de decisiones		8
6.- Divulgación amplia y sostenida de las implicaciones de la 4RI	- A través de todos los medios - Foros de divulgación	16
7.- Investigación básica fortalecida	- Pertinente a la 4RI	-
8.- Cultura del emprendimiento impulsada por la ingeniería		1
9.- Agenda robusta de desarrollo sustentable	- Sustitución de Hidrocarburos - Optimización de la movilidad urbana - Manejo de residuos	11
10.- Cooperación efectiva nacional e internacional	- De los sectores académicos, productivos y sociales	10
11.- Vinculación eficaz industria-academia-gobierno	- Triple hélice funcionando a toda marcha	4
12.- Mejores prácticas en el ejercicio profesional		-
13.- Red compartida aprovechada al máximo	- Enfoque a la 4RI - Ciudades y sistemas inteligentes	-
14.- Trabajo a distancia impulsado por la ingeniería	- Al menos 50% en el 2020 - Medirla	-

Perfil de Acciones

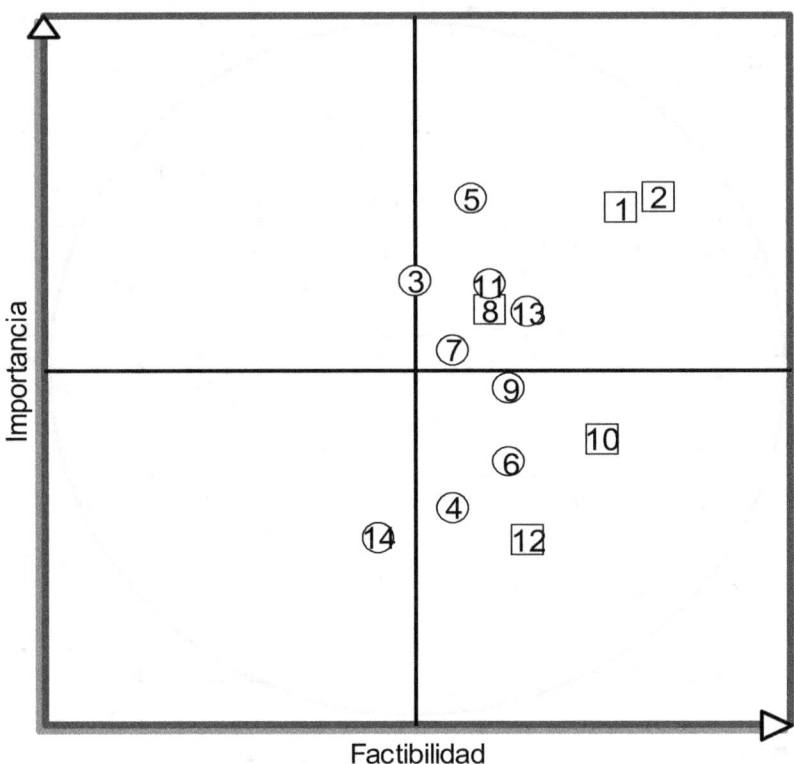

Taller #4 – Torre de Ingeniería, UNAM, CDMX

Acción	Descriptor	Línea
1.- Destacar la importancia de la ciencia, tecnología e ingeniería en el país.	- Rescatar logros de la ingeniería y hacerlos más visibles (aeronáutica; metro (gerencia de proyectos); infraestructura básica nacional; - Entrar en contacto con los posibles funcionarios y directivos del país para transmitir personalmente esto. - Ampliar la capacidad de los ingenieros para cuantificar económicamente los beneficios de proyectos que incluyan y apliquen el desarrollo de tecnología nacional. - Promover la presencia en los medios de la voz de la ingeniería y de los desarrollos y proyectos realizados en el país. - Dar un impacto mercadológico a los mensajes de la ingeniería. - Documentar, promover y proyectar la trayectoria y logros de los grandes ingenieros mexicanos y de los integrantes de la academia mexicana (por ejemplo vídeos o spots de dos minutos para subirse en redes sociales). - Donar tiempo para participar en difusión de la ingeniería. - Difundir la trayectoria y el impacto de los ingenieros merecedores de premios de ingeniería.	16
2.- Transmitir el valor de ciencia y tecnología desde la formación básica.	- De los niños. - De los profesionistas jóvenes. - De los profesores. - De los comunicadores (campaña financiada por Conacyt para interesarlos y formarlos) - Promover y apoyar esfuerzos como los realizados por Innovec. - Tiempo en los medios. - Crear contenidos para el público en general (para diferentes segmentos) sobre el valor de la ciencia, tecnología e ingeniería. - Donar tiempo para interactuar e inspirar a los jóvenes. - Invitar a los grandes ingenieros y miembros de la Academia a dar clases. - Prensa, difusión.	3
3.- Rescatar la capacidad de los colegios de ingenieros para influir en la designación de profesionistas en puestos clave del gobierno.		8
4. Crear foros de seguimiento para los grandes proyectos de infraestructura.		-

Acción	Descriptor	Línea
5.- Globalizar a la ingeniería mexicana	- Proporcionar cultura general a los ingenieros. - Capacidad de hacer síntesis de temas abiertos. - Apertura al mundo; procesos de fertilización cruzada con la colaboración de ingenieros de otros países. - Promover la participación de ingenieros mexicanos, norteamericanos y canadienses en proyectos de interés para la región. - Continuar sensibilizando al país sobre la importancia de la 4RI. - Fomentar la subordinación de los intereses personales a los del grupo, país y naturaleza. - Cultivar la ambición de formular preguntas globales de gran alcance (ejemplos, el futuro de las ciudades.	6
6.- Condicionar los fondos destinados a investigación a que contribuyan a solucionar problemas de relevancia nacional		7
7.- Fomentar el espíritu empresarial	- Estudiar modelos diferentes de formación empresarial dentro y fuera del aula (Harvard, Tec de Monterrey, etc.). - Trabajar en conjunto para eliminar los obstáculos que hoy dificultan el trabajo entre la academia y la industria. - Desde la niñez. - Promover la participación de la familia en el ámbito profesional y laboral del ingeniero (concepto de campus)	1
8.- Fortalecer el espíritu de liderazgo de los ingenieros	- Cursos como el De Liderazgo Ontológico	8
9.- Recuperar la esencia de la ingeniería que radica en el sentido social de sus acciones	- Si un ingeniero ve un problema social sin preocuparse, está faltando a su naturaleza (corrupción, inseguridad, alimentación, pobreza, impunidad, etc.) - Debe identificar y resolver los problemas sociales. - Identificación y solución de retos en cualquier corriente ideológica. - Es responsabilidad de la ingeniería el sacar al país de la pobreza.	-
10.- Fomentar la formación y práctica de la visión sistémica	- Incorporarla en el sistema educativo. - Incorporarla en los tomadores de decisiones (público, privado y social).	-
11.- Vigilar que se forme el número suficiente de ingenieros en el país y crear las oportunidades para ellos		2

PERFIL DE ACCIONES

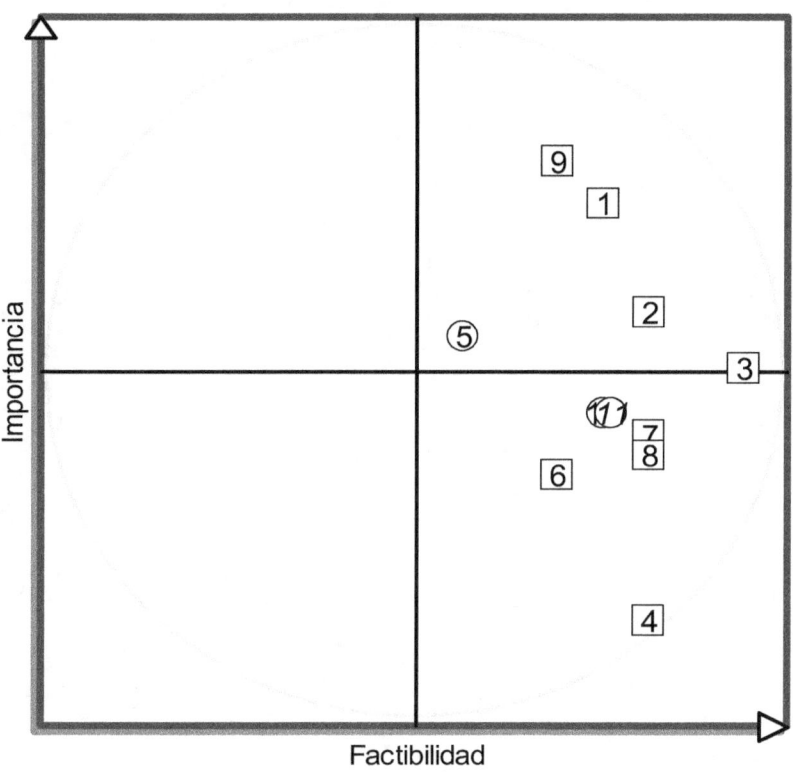

Taller #5 – Continental Automotive, Guadalajara

Acción	Descriptor	Línea
1.- Premio a la innovación con beca implementada	- Empresas, universidades y gobierno - La beca es del premiado a un estudiante	4
2.- Programa de fondo de apoyos a proyectos 4.0		13
3.- Proyecto estandarte a nivel nacional implementado	- Moon shot - Por ejemplo "hombre a la Luna" - Por ejemplo "auto MX"	15
4.- Academia, u otra institución, como aglutinador de los esfuerzos nacionales de la ingeniería 4.0	- Efectiva	-
5.- Programa educativo para educación primaria de temas relacionados con 4.0		5
6.- Investigadores y proyectos de investigación pertinentes a la ingeniería 4.0, premiados	- Buen premio - Crear *Rock-Stars* de la 4.0	-
7.- Beca para emprendimiento e innovación implementada	- Con fondos del gobierno e industria	-
8.- Sindicatos, gobiernos y empresas de acuerdo para incentivar la automatización		-
9.- Ciudades inteligentes que funcionan como living labs, creadas		3
10.- Sistema de inteligencia de largo plazo enfocado al cambio tecnológico creado	- Nuevos programas de estudio - Nuevas competencias laborales - Nuevas estrategias y políticas públicas	9
11.- Ciudad divertida que propicia la innovación, creada	- Ejemplo Helsinki	3
12.- SNI reestructurado	- Enfocado a la innovación	9

PERFIL DE ACCIONES

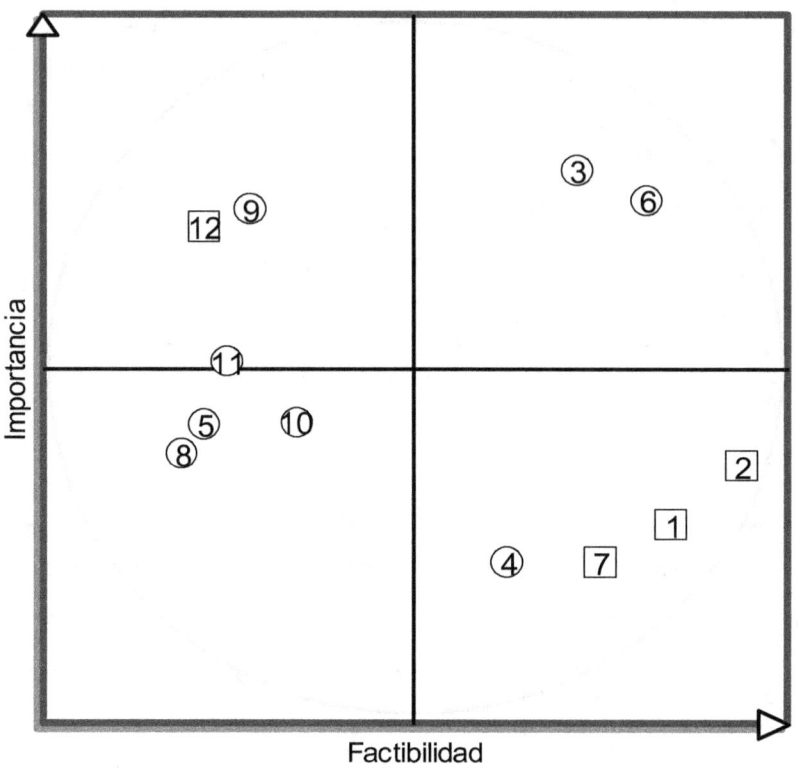

Taller #6 – Centro Nacional de Metrología, Querétaro

Acción	Descriptor	Línea
1.- Comisión entre secretarías de estado y la AIM creada	- Para dar respuestas ingenieriles a los grandes retos nacionales	2
2.- Sociedad del aprendizaje creada	- Revolucionar planes de estudio del básico a la ingeniería - Hacia la 4RI	4
3.- SNI eliminado		6
4.- Autonomía de los TECNM	- Cambiar el modelo educativo y profesorado - En colaboración con la AIM	10
5.- Política pública para la inserción de México en la 4RI aprobada	- Promovida por AIM	2
6.- Recursos de los fondos para inteligencia artificial en todas las escuelas de ingeniería obtenidos		7
7.- Oficinas regionales de la AIM creadas	- Para impulsar innovaciones tecnológicas con empresas	16
8.- Incentivos a la innovación en el TLCAN incorporados	- Hacia México	16
9.- Infraestructura tecnológica para mejorar el proceso de enseñanza-aprendizaje en México creada	- Por la AIM - Con el uso de elementos de la 4RI	7
10.- Política pública para priorizar las carreras de ingeniería y ciencias exactas creada		8
11.- Materia de creatividad en todos los niveles incluida	- Elemental hasta profesional	10
12.- 70% de los recursos para campañas electorales para la formación de ingenieros obtenidos	- En temas importantes para la industria 4.0	7
13.- 50% de los ingenieros mexicanos graduados en 2020 con innovaciones en IoT		4

PERFIL DE ACCIONES

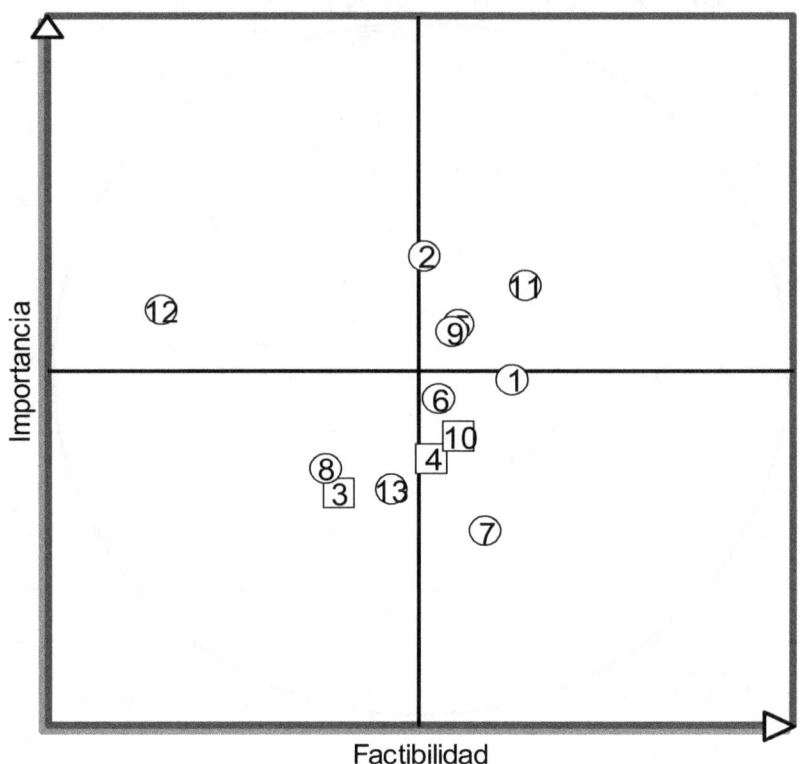

Taller #7 – Palacio de Minería, CDMX

Acción	Descriptor	Línea
1.- Grupo de apoyo a la ANFEI para actualizar planes de estudio, creado		2
2.- Industria e instituciones de educación e investigación, vinculadas		4
3.- Nuevas herramientas cibernéticas incorporadas al programa de fabricación nacional de la industria grande, mediana y pequeña		6
4.- Instituciones nacionales vinculadas con países desarrollados		10
5.- Cursos de educación continua presenciales y en línea sobre la 4RI		2
6.- Mecanismo para fondear proyectos de forma continua		7
7.- Foros internacionales sobre la 4RI, organizados		16
8.- Canal digital de la AIM en temas y proyectos de la 4RI		16
9.- Recursos amplios para fomentar el desarrollo de *startups* con alto contenido tecnológico conseguidos		7
10.- Participación de ingenieros y científicos en puestos de elección popular, en la política y en la administración pública		8
11.- Programa para atraer a México a científicos y tecnólogos trabajando en temas de avanzada		10
12.- Incentivos fiscales durante cinco años a *startups* tecnológicas	- Cero impuestos - Créditos blandos	7

PERFIL DE ACCIONES

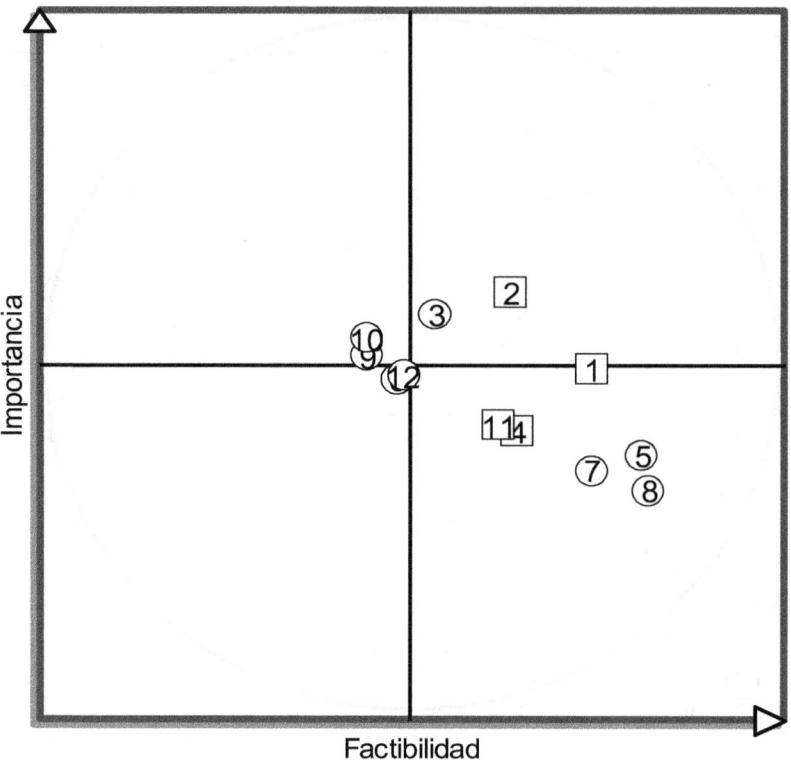

Taller #8 – Instituto Mexicano del Petróleo, CDMX

Acción	Descriptor	Línea
1.- Sistema de monitoreo, reporte y verificación de las acciones de cada industria para subirse a la 4RI, implantado		13
2.- 5% del PIB PARA I+D+i anualmente asignado		7
3.- Programas de estudio de las principales escuelas de ingeniería actualizados	- Certificación universal - Incluir a postgrado	2
4.- Plan nacional 4RI elaborado por las escuelas de ingeniería e industria	- Mapas de ruta tecnológicos para 4RI - Diagnóstico de brechas tecnológicas	5
5.- Academia e industria vinculadas	- Generar grupos interdisciplinarios	4
6.- *Clusters* de innovación en sectores estratégicos desarrollados		
7.- Firmas de ingeniería mexicana compitiendo en mercado global		6
8.- Certificación obligatoria para el ejercicio de la ingeniería	- Con estándares de clase mundial	
9.- Programa e infraestructura para desarrollo de jóvenes genios ingenieros implementado		14
10.- Programa de reconocimientos e incentivos para resultados competitivos de innovación implementado	- Beneficios fiscales - Apoyo financiero - Empresas e individuos	7
11.- Fundamentos necesarios para aumentar la industrialización del país establecidos	- Asociado a la 4RI	5
12.- Materias de fomento a la creatividad e innovación incorporadas en todos los niveles educativos		3
13.- Alianzas estratégicas con países líderes en 4RI para impulsar la investigación, academia e industria, establecidas		10

PERFIL DE ACCIONES

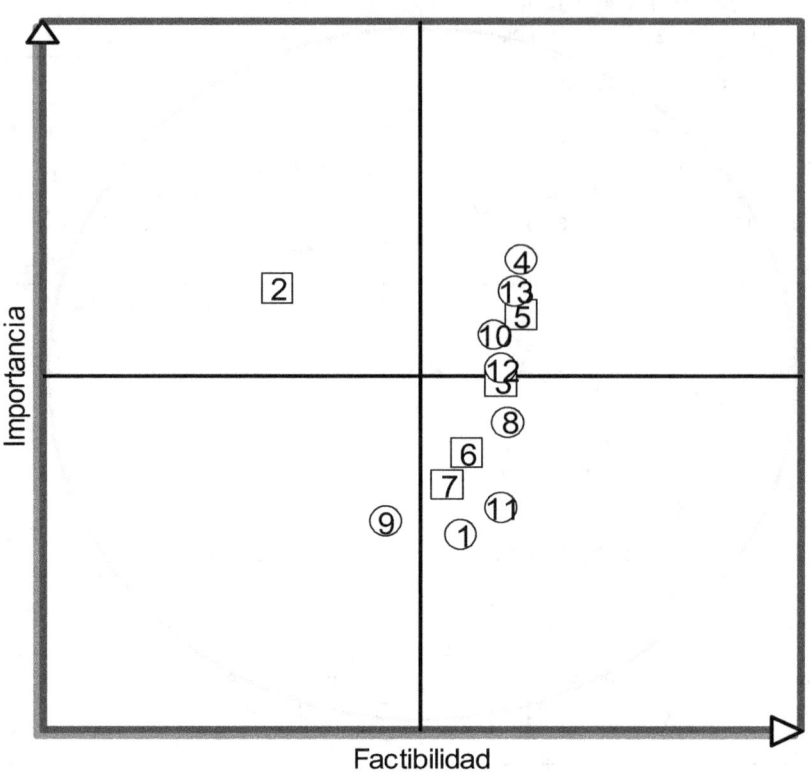

Taller #9 – Instituto Mexicano del Tecnología del Agua, Cuernavaca

Acción	Descriptor	Línea
1.- 250% de incremento en la inversión en infraestructura		-
2.- Red con acceso libre a la información, creada	- Información requerida para investigar e innovar	-
3.- Incentivos a empresas que generaron nuevos empleos permanentes		-
4.- Nivel de preparación de los ingenieros mejorado		2
5.- Opinión de la AIM tomada en cuenta en el establecimiento de políticas públicas		-
6.- Aguas residuales tratadas, usadas en la agricultura	- En forma generalizada	11
7.- Todos los miembros de la AI conscientes de participar con acciones en la 4RI		-
8.- Programa de ciencia y tecnología a nivel de educación básica, establecido		3
9.- Se dieron incentivos para inversión productiva	- Inversión en maquinaria y tecnología	7
10.- Comunidad científica balanceada con juventud y experiencia		-
11.- Objetivos de los centros I+D cambiados de autosustentabilidad financiera a creación de nuevos productos y tecnologías		7
12.- Investigación realizada a lo largo y ancho del país		5

PERFIL DE ACCIONES

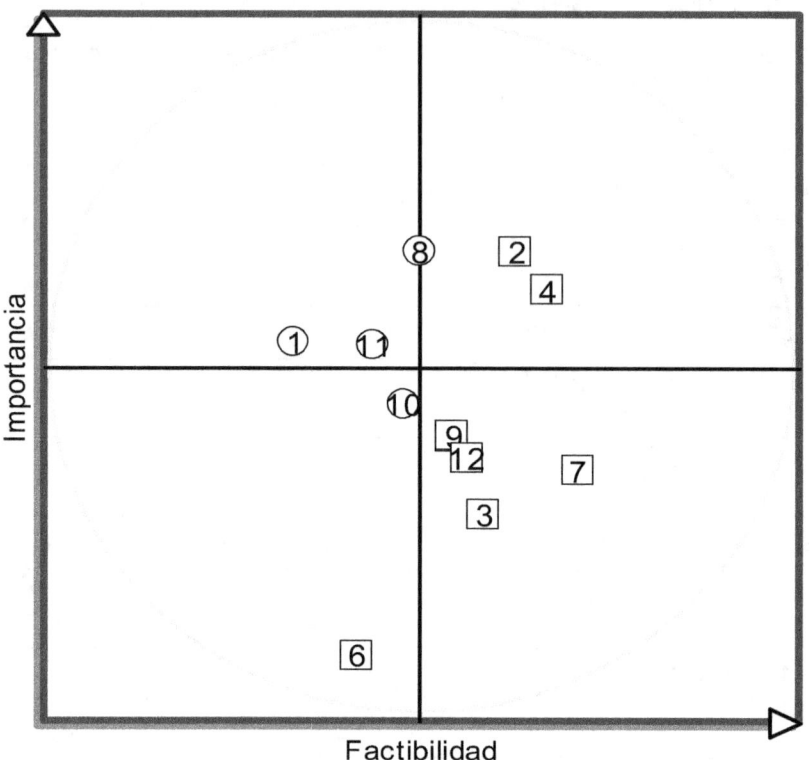

Taller #10 –Facultad de Ingeniería Mecánica y Eléctrica, UANL, Monterrey

Acción	Descriptor	Línea
1.- Departamentos de I+D+i creados en todas las empresas		-
2.- Robots diseñados para ayudar al hogar		-
3.- Organismo encargado de difundir avances tecnológicos creado		16
4.- Nanorobótica mejorada para un enfoque en el ámbito médico		-
5.- Ingenieros 4.0 capacitados con permiso para equivocarse		2
6.- Pluma diseñada para adquirir tinta de los contaminantes del aire		-
7.- Sistema educativo del país cambiado	- Ser más creativos - Sin temor a equivocarse	3
8.- Enfoque basado en la prevención en lugar del diagnóstico	- Como base del trabajo	8
9.- Información compartida entre diferentes organizaciones	- Orientada a la 4RI	13
10.- Combustible creado a partir de desechos		-
11.- Exploración global de oportunidades de innovación		13
12.- Cambiamos la forma de pensar de la ingeniería mexicana mediante la innovación		1
13.- Los ingenieros en formación saben interconectar sistemas, equipos y personas		2
14.- Dispositivo creado que transforma la contaminación en bloques de construcción		-
15.- Inversionistas involucrados para formar parte del nuevo cambio 4RI		7
16.- Vacuna creada para eliminar las células cancerosas		-
17.- Inteligencia artificial realizada mediante la relación neuronal		-

PERFIL DE ACCIONES

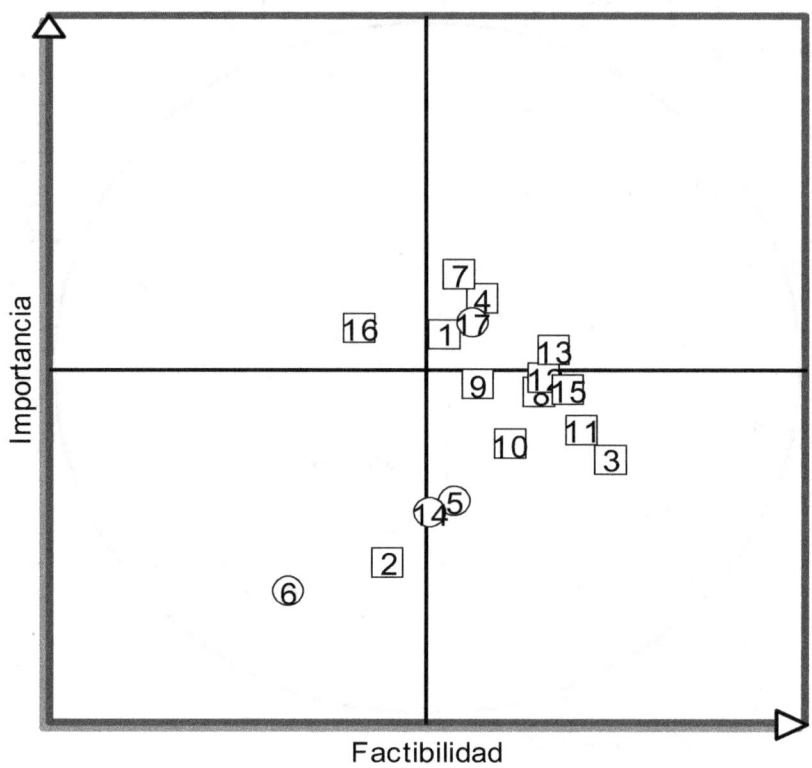

www.ingramcontent.com/pod-product-compliance
Lightning Source LLC
Chambersburg PA
CBHW062341220526
45469CB00008B/2789